GUIDE
DE
L'AGRICULTEUR

DANS

LE CHOIX, L'ACHAT ET L'EMPLOI DES ENGRAIS

OU

RECUEIL D'ANALYSES DES MATIÈRES EMPLOYÉES COMME ENGRAIS

ET

RENSEIGNEMENTS SUR LES FUMURES EN GÉNÉRAL

Par A. ABADIE

Chef de service à la *Foncière toulousaine*.

TOULOUSE

IMPRIMERIE A. CHAUVIN ET FILS

RUE MIREPOIX, 3.

1869

GUIDE
DE L'AGRICULTEUR

DANS

LE CHOIX, L'ACHAT ET L'EMPLOI DES ENGRAIS.

Le seul but de cette brochure est de réunir en faisceau tous les renseignements qui peuvent se rapporter à la fumure des terres.

Un premier essai tenté l'année dernière nous a réussi et nous a valu de précieux éloges. Aujourd'hui nous développons ce que nous n'avions fait qu'indiquer d'une manière sommaire.

A. ABADIE,
Chef de service à la *Foncière toulousaine*.

Division des sols.

Les terrains cultivés se divisent en général en *argileux, sablonneux* et *calcaires.*

Les sols *argileux* comprennent : 1° les terres d'*argile pure*, les terres *glaiseuses* et les terres *froides* ou *boulènes*.

Les terrains *sablonneux* se divisent en *sablo-argileux*, *graveleux*, *sablo-argilo-ferrugineux*, *terres de bruyères* et *sables purs.*

Les sols *calcaires* sont crayeux, tuffeux ou marneux.

La terre argileuse pure est impropre à la végétation des plantes cultivées, mais elle devient productive si elle contient seulement 15 p. 100 de Sable que l'on pourrait obtenir par l'ébullition. Les sols de cette espèce, qu'on appelle terres argileuses, glaiseuses ou terres froides, sont très-difficiles à cultiver.

A mesure que le sol argileux se trouve mélangé à une plus grande quantité de Sable, il perd une grande partie des défauts de l'Argile; il prend alors, suivant la proportion de Silice, le nom de *terre forte* ou celui de *terre franche.*

Les terres fortes, qui contiennent naturellement ou artificiellement du Carbonate de chaux, peuvent donner d'abondants produits quand les labours ont été nombreux, quand les gelées ont bien émietté les mottes et ameubli le sol; quand les semis ont été faits sans pluie et sans sécheresse; quand des pluies fines et chaudes tombent assez fréquemment sans arriver par averses et par orages; quand à une pluie modérée succède une pluie bienfaisante qui pénètre la terre. Mais il est rare que toutes ces circonstances se trouvent réunies, et trop souvent les terres fortes se sentent de l'intempérie des saisons; les récoltes y manquent plus que dans les autres sols. La luzerne, le trèfle, le froment, l'avoine, les pois, les vesces, le colza, le pavot et la moutarde se trouvent bien de ces terres.

Les terres franches ne sont autres que des terres fortes augmentées d'une proportion de Sable au détriment d'une proportion d'Argile. Elles sont considérées comme les sols les plus riches que l'on puisse désirer, quand elles renferment une certaine quantité de Chaux ou de Craie.

Les Argiles marneuses et les Argiles rouges ne peuvent être employées que comme amendements des autres sols.

Lorsque le Sable domine dans un sol, il prend le nom de sableux; si l'Argile s'y trouve mêlée, il se nomme argilo-sableux. La culture alternative du chanvre et du froment y donne d'heureux résultats.

Les sols graveleux sont ceux qui sont composés en partie de graviers déposés en couche plus ou moins épaisse par les eaux.

Les sols sablo-argilo-ferrugineux ne peuvent être cultivés avantageusement qu'en bois, à cause de l'état brûlant dans lequel ils se trouvent.

Les terres de bruyères et les Sables purs ne peuvent servir qu'en amendements.

Les terrains calcaires sont ceux où se trouve le Carbonate de chaux. Quand ce principe y est en trop grande proportion, la végétation peut en souffrir. Il faut amender les sols crayeux, tuffeux et les Marnes pures avec de l'Argile et du Sable, si on veut les rendre fertiles.

Constitution des plantes.

Dans la constitution des plantes on trouve de l'Azote, du Carbone, de l'Oxygène et de l'Hydrogène, de la Potasse, de la Soude, de la Chaux, de la Magnésie ; des Oxydes de fer et de manganèse ; des Acides phosphorique, sulfurique et silicique.

L'Azote, le Carbone, l'Oxygène et l'Hydrogène sont les principes constituants des matières organiques et de l'eau ; la Potasse et la Soude, des Alcalis fixes ; les Oxydes de fer et de manganèse, des Oxydes métalliques ; et les Acides, des Acides minéraux.

Le Carbone, les éléments de l'eau et une partie de l'Azote peuvent émaner de l'atmosphère ; mais les Alcalis et les Acides minéraux ne sauraient provenir de la même source.

Soit qu'elle les recèle dans son sein, soit que les Engrais les lui apportent, la couche arable doit renfermer toutes les matières minérales indispensables au développement des végétaux. Le manque d'une ou de plusieurs de ces substances peut nuire à ce développement.

Ce phénomène de dépérissement se produit aussi lorsque tout en contenant tous les principes nutritifs en proportion convenable, le sol les possède dans un état de combinaison tel que la plante ne puisse se les assimiler.

Pour remédier à cet état de choses, on a recours aux Engrais dont le rôle consiste à apporter aux terrains cultivés les agents fertilisants qui leur manquent. Les Engrais doivent donc renfermer les principes constituants des végétaux, c'est-à-dire les substances organiques dont l'élément utile, l'*Azote,* donne la vie aux plantes, et les matières minérales et alcalines qui, puisées dans le sol par les racines, apportées dans les organes par la séve, forment la charpente de la plante, tout en concourant activement au développement de toutes ses parties.

Parmi tous les Engrais, le Fumier de ferme est, sans contredit, l'Engrais le plus complet qui réponde le mieux aux besoins de la plante. Aussi est-il considéré comme l'Engrais normal, l'Engrais type qui sert à juger de la valeur des autres. Tous ses principes proviennent en effet des produits du sol, et il rend à la terre tout ce qui lui a été enlevé par les fourrages, par la paille des céréales, par les grains et par les racines dont les animaux se sont nourris.

Mais, outre l'insuffisance quantitative du Fumier de ferme, qui ne lui permet pas de suffire aux besoins toujours croissants de l'agriculture, il est certains terrains manquant totalement de substances que le Fumier ne saurait leur fournir, et il est certaines plantes dont la nourriture essentielle consiste en matières salines que cet Engrais ne pourrait leur apporter en proportion convenable.

De là la nécessité des Engrais autres que le Fumier.

Le cultivateur ne doit jamais perdre de vue que si un sol n'est productif qu'en raison de sa composition première formée de trois éléments : *Argile, Sable, Calcaire,* il faut encore à la terre trois éléments auxiliaires : les ***Phosphates***, les ***Sels alcalins, Potasse*** et ***Soude***, la ***substance organique*** qui fournit l'*Azote*, éléments qu'il ne trouvera que dans les ENGRAIS.

Division des Engrais.

Les Engrais sont inorganiques, organiques, minéraux ou végétaux.

Les Engrais organiques comprennent la *Chaux*, la *Marne*, la *Craie,* le *Plâtre* ou *Sulfate de chaux*, les *Cendres* et un peu la *Suie.*

Les Fumiers de ferme, les Fientes d'oiseau et de poule, les Guanos, la Poudrette ou Engrais humain, les Dépouilles animales, crins, poils, bourres, chiffons, etc., sont des Engrais organiques.

Les divers Phosphates et les Sels alcalins représentent les Engrais minéraux.

Enfin, on appelle Engrais végétaux les pailles, les feuilles, les bois; en un mot, tout ce qui émane de la plante.

Engrais inorganiques.

La *Chaux* convient aux terrains argileux et siliceux qui en sont privés. L'Engrais destiné à ces terrains peut en recevoir une certaine quantité. Nous l'employons après un délitage préalable par les urines.

La Chaux ameublit les terres et, mêlée à des matières végétales, elle en hâte la décomposition.

Il faut bien se garder de l'employer dans les terrains calcaires et n'user jamais que de la chaux grasse.

La *Marne argileuse* sert à amender les terrains siliceux et la *Marne calcaire* les terrains argileux.

Un sol marné ne doit recevoir que des Engrais azotés et potassés. Les Phosphates y seraient superflus.

La Craie remplace la Marne et la Chaux dans les amendements; elle en possède par conséquent tous les principes.

Le Plâtre est utile à la végétation par l'Acide sulfurique qu'il renferme. Il peut entrer dans la composition des Engrais en général, mais plus spécialement dans les Engrais destinés aux prairies naturelles et artificielles.

Les Cendres contiennent des Phosphates et de la Potasse. La Suie, en outre de ces derniers Sels, renferme encore de l'Azote. On peut par conséquent tirer un parti avantageux de ces deux produits en les mêlant aux urines et aux matières animales.

Engrais organiques.

Le Fumier de ferme est, comme nous l'avons déjà dit, l'Engrais normal, l'Engrais type dont la valeur sert de contrôle à la valeur des autres. C'est par lui que nous commencerons les analyses destinées à l'instruction de l'agriculture, principal but de nos recherches.

Le Fumier à l'état frais se compose:

Eau	75
Matières animales et végétales solubles Sels solubles	5
Matières animales et végétales non solubles Sels insolubles	20

Il renferme en cet état:

Azote	0,407
Acide phosphorique	0,187
Potasse	0,375
Chaux	0,800

Ou à l'état sec:

Azote	2,20
Acide phosphorique	0,88
Potasse	2,46
Chaux	5,23

D'après M. Boussingault, ces 100 parties de Fumier frais correspondent à 32,2 de Fumier sec qui donnent 6,70 de Cendres ayant la composition suivante calculée sur 100 kil. de Cendres :

Acides	carbonique	2
	phosphorique	3
	sulfurique	1,90
Potasse		7,80
Magnésie		3,60
Chlore		0,60
Oxyde de fer		6,10
Silice, sable, argile, etc.		66,40
Chaux		8,60

Il ressort de ces analyses que le Fumier de ferme ordinaire est un composé de différentes matières organiques végétales et animales plus ou moins humides, agissant comme Engrais, dont les unes sont solubles dans l'eau et les autres insolubles dans l'eau; et de divers Sels agissant comme stimulants, également solubles dans l'eau et insolubles dans l'eau.

Voici une autre analyse qui nous fera connaître le Fumier d'une manière plus complète, toujours pour un poids de 100 kil. à l'état frais :

Humidité	72,20
Sel ammoniac ou carbonate d'ammoniaque proprement dit (quantité variable indéterminée)	»
Sel double de potasse et d'ammoniaque résultant de l'union de ces substances ou partie soluble du terreau formé par la paille	1,15
Matière grasse, cireuse, unie à la potasse et à l'ammoniaque	0,08
Carbonate de potasse	0,06
Autre sel de potasse	0,21
Pailles converties en terreau (humus proprement dit)	12,40
Matière tourbeuse très-divisée	3,63
Carbonate de chaux ou craie proprement dite	3,30
Phosphate de chaux (l'une des parties constituantes des os)	0,45
Sable quartzeux, gravier	3
Matière terreuse indéterminée	3,52
Sulfate et phosphate de potasse (traces)	»

En résumé, il y a là :

1° De l'humus provenant de la décomposition des pailles, fourrages et litières, d'autant plus apte à se dissoudre dans l'eau que sa décomposition est plus avancée ;

2° Quelques matières animales dont la décomposition facilitera la dissolution dans l'eau ;

3° Différents Sels d'ammoniaque et de Potasse solubles ;

4° Du Carbonate de chaux ou Craie ;

5° Du Phosphate de chaux ;

6° Du Sable ou Silice proprement dite ;

7° Du Sulfate et du Phosphate de potasse solubles ;

8° Enfin quelques matières terreuses.

En ramenant le Fumier à sa composition immédiate : ***humus***, ***matières animales***, ***sels divers***, l'humus qui n'est autre chose que du bois pourri, rendu soluble dans l'eau, servant à reconstruire la fibre ligneuse des végétaux, c'est-à-dire la charpente ou bois proprement dit ; les matières animales, urines et excréments des animaux dont l'importance et la valeur agricole résident dans l'Azote qu'elles renferment. — Nous savons ce que sont les Sels.

Si nous avons insisté sur la composition du Fumier de ferme, c'est pour bien déterminer tous les matériaux dont le fabricant d'engrais peut et doit s'entourer pour atteindre la composition chimique se rapprochant le plus de ce que nous venons de voir.

Fiente d'oiseau et de poule.

La Fiente d'oiseau ou de poule, dite *Colombine* ou Poulette et Poulenée, est la matière animale (excréments) ramassée dans les colombiers et volières. Engrais très-chaud, son utilité ne peut être et n'est point contestée. Voici sa composition pour 100 parties fraîches :

	COLOMBINE.	POULENÉE.
Eau	79	72,80
Matières organiques azotées	18,10	16,30
Matières salées (phosphates, carbonates, sels)	2,28	5,24
Gravier et sable	0,61	5,66

Ce Fumier renferme donc de l'Azote, des Phosphates, du Carbonate et de la Potasse. Il ne lui manque que de l'humus. On l'emploie d'habitude dans les terrains froids.

Guano.

De tous les Engrais que le commerce a fourni jusqu'à ce jour, le plus actif est, sans contredit, celui qui porte le nom de *Guano du Pérou.* Nous ajoutons à dessein *du Pérou* ou *du Chili*, car, selon leur provenance, les autres Guanos peuvent valoir moitié moins. Le Guano n'est autre chose que l'excrément de l'oiseau de mer se nourrissant de poissons.

Le tableau suivant fait connaître la composition des différents

Guanos. Le cultivateur pourra ainsi se mettre en garde contre la tromperie, en se faisant désigner le produit qu'on lui livre et en fixant sa valeur agricole d'après les prix que nous donnerons plus tard, soit de l'Azote, soit de la Potasse, soit enfin de l'Acide phosphorique.

PROVENANCE DES GUANOS.	Phosphates de chaux et autres.	Sulfate de chaux et autres.	Sels alcalins.	Sable et silice.	Matières organiques.	Eau.	Acide phosphorique.	OBSERVATIONS
Pérou (îles Chinchas)	19 52	»	7 56	1 46	52 52	15 82	3 12	Azote, 14 20
Chili.	46 50	»	3 50	1 66	35 22	13 12	»	— 6 à 10
Bolivie.	54 »	»	1 60	3 »	25 »	16 40	»	— 3 à 5
Ile Baker.	84 92	»	»	»	15 08	»	»	»
— Jarvis.	33 83	44 59	»	»	21 58	»	»	»
— Gallapagos. . .	60 30	»	»	19 »	13 33	7 37	»	— 0 73
— Raiatéa.	25 01	»	2 52	4 43	38 64	29 40	»	— 7 27
— Itchaboë. . . .	25 62	»	5 76	1 60	41 52	25 50	»	— 7 92
— Saldanha. . . .	29 53	»	2 37	48 80	10 30	9 »	»	— 1 69

Comme on le voit, les Guanos n'ont pas une composition conforme ; par cette raison il ne peut y avoir uniformité dans le prix.

Ainsi, par exemple :

Le Guano du Pérou contient 14.20 d'Azote, et 19.52 de Phosphates avec 7.56 de Sels alcalins. Celui du Chili ne renferme que 6 à 10 d'Azote, soit en moyenne 8, 46.50 de Phosphates et 3.50 de Sels alcalins. L'Azote se cotant dans les engrais à un prix dix fois plus élevé que les Phosphates, il devient clair que 14.20 vaudront plus que 8, et l'on peut déduire la différence qui doit exister entre ces deux produits. Combien grande serait cette différence si l'agriculteur payait du Guano de Bolivie le même prix que le Guano du Pérou ?

Engrais humain ou Poudrette.

Les excréments de l'homme constituent un Engrais des plus actifs. L'importance qu'on y attache en Chine, en Flandre, à Nice, à Lyon, à Grenoble, etc., partout enfin où l'agriculture est avancée, est justifiée parce que, d'une part, c'est l'Engrais que l'on peut se procurer avec le plus d'économie, et, d'autre part, parce que sa composition aussi complexe que celle du Fumier, permet de l'appliquer à tous les sols et à toutes les récoltes. L'efficacité de ces résidus de la digestion provient de ce que, sous une forme concentrée et dans un état de division infinie, ils renferment toutes les substances organiques et salines dont les plantes ont besoin pour se développer. Ils remplacent avantageusement le Fumier, non point pourtant d'une manière exclusive.

Des matières fécales provenant du service des fosses mobiles et des fosses fixes ont donné à l'analyse après dessiccation à l'air pur pour 100 kilogrammes :

Eau	15
Matières organiques	48
Sels alcalins	4,90
Chaux	3,87
Phosphate ammoniaco-magnésien	6,55
Phosphate des os	3,46
Sable, oxyde de fer, etc.	18,22

Ou Azote 4.12, Acide phosphorique 3.62, Potasse, Soude 2.01 ;

Ou une valeur agricole de 11 fr. 81, en tenant compte de l'Azote à 1 fr. 50, et de la Potasse et de l'Acide phosphorique à 1 fr. le kil.

Mais ce n'est pas là la Poudrette ordinaire, la Poudrette du commerce, celle portée sur les prospectus à 8 fr. les 100 kilos ou 5 fr. l'hectolitre. Il entre dans celle-ci une certaine quantité d'humus, quantité qui varie entre 20 et 30 p. 100. Dans cet état, elle contient encore 2.88 d'Azote, 2.54 d'Acide phosphorique et 1.50 de Potasse, et sa valeur agricole est de 8 fr. 36 c. les 100 kilos, et 5 fr. 86 c. l'hectolitre.

Comme preuve de la valeur comme engrais des matières fécales et des urines de l'homme, nous citerons les résultats obtenus par deux agronomes allemands, Hernstædt et Schubler. Ils ont constaté qu'un sol qui reproduit, sans aucun engrais, trois fois la semence qui lui a été confiée, donne, pour une superficie égale lorsqu'il est fumé avec :

Des engrais végétaux	5 fois.
Du fumier d'étable	7 —
De la colombine	9 —
Du fumier de cheval	10 —
De l'urine humaine	12 —
Des excréments de l'homme, solides	14 —

On ne saurait trop faire usage de la Poudrette ou des Engrais à base de matières fécales en se rendant cependant bien compte du produit que l'on achète.

Comme les urines de l'homme et les eaux vannes des fosses d'aisance sont appelées à jouer parmi nous un grand rôle dans la fumure des terrains irrigués, notre devoir est d'en faire connaître la valeur.

Dans l'état normal, les urines de l'homme, fraîchement émises, renferment :

Eau	93,30
Urée	3,01
Acide urique	0,10
Matières animales indéterminées. / Acide lactique et lactate d'ammoniaque.	1,71
Mucus de la vessie	0,03
Sulfate de potasse	0,37
— de soude	0,32
Phosphate de soude	0,29
— d'ammoniaque	0,17
— de chaux et de magnésie	0,10
Chlorure de sodium	0,45
Chlorhydrate d'ammoniaque	0,15
Silice	(traces).

Ou en termes plus simples :

Eau	93,30
Matières organiques très-riches en azote.	4,90
— minérales	1 80

Les eaux vannes de fosse contiennent pour 100 kil. en moyenne :

Sels	0k616
Azote	0 445

De ces chiffres ressort toute l'utilité que l'on peut retirer des eaux vannes presque entièrement perdues jusqu'à ce jour.

L'urine de l'homme contient donc en moyenne par 100 kilos 6 kil. 70 de matières organiques et minérales, ou 4,889 des premières dosant de 1.30 à 1.40 d'Azote, soit 13 à 14 kil. pour 1 mètre cube, dont la valeur agricole serait de 2 fr. 25 c. à 2 fr. 50 c. l'hect. Quant aux eaux vannes, leur valeur n'est que de 75 c. à 1 fr. l'hect.

Dépouilles animales. — Engrais végétaux. — Engrais divers.

Pour terminer la nomenclature des Engrais organiques, nous n'avons rien de mieux à faire que de mettre sous les yeux du lecteur le tableau suivant emprunté à M. Rohart, tableau reproduisant toutes les matières rangées dans cette catégorie, avec indication de leur teneur en Azote, soit à l'état normal, soit à l'état sec.

Tableau général de la richesse en azote des dépouilles et débris des animaux, des engrais végétaux et autres du commerce.

	Azote dans 100 parties à l'état normal et ordinaire.	Azote dans 100 parties à l'état sec.
Chiffons de laine.	17 88	20 26
Urine des urinoirs publics, incomplétement desséchée.	16 85	17 56
Morue lavée et pressée.	16 80	18 74
Plumes..	15 34	17 61
Sang sec, coagulé par le feu.	14 80	17
Râpures de cornes.	14 36	15 78
Guano arrivé directement du Chili..	13 90	15 73
Bourres de poil de bœuf.	13 78	15 12
Chair de cheval desséchée..	13 23	14 70
Chair musculaire id..	13	14 25
Sang sec soluble.	12 18	15 50
Pains de creton..	11 88	12 93
Fiente d'hirondelles..	11 12	»
Débris animaux des tanneries, mélangés..	10 75	»
Rognures de cuir désagrégé	9 31	»
Colombine.	8 30	9 02
Os fondus.	7 02	7 58
Morue salée et altérée..	6 70	10 86
Os gras non fondus..	6 22	»
Guano venu de Londres..	5 40	7 05
Os humides..	5 31	»
Morue salée.	»	5 02
Sang coagulé et pressé.	4 51	17
Fiente de chauve-souris..	4 40	»
Raie..	4 21	»
Maquereau.	»	3 84
Marc de colle, de peaux et de tendons..	»	3 74
Poussière de batterie de laines..	4 21	»
Carpe..	»	3 49
Litière de vers à soie.	3 20	3 48
Brochet.	»	3 25
Hannetons, grenouilles et sauterelles..	3 29	13 93
Harengs salés..	»	3 11
Sang liquide des abattoirs..	2 95	»
Limande.	»	2 89
Goujon..	»	2 77
Harengs salés..	»	2 73
Sang liquide des chevaux d'équarissage.	2 71	»
Ablette.	»	2 68
Urine de cheval.	2 60	12 50
Harengs frais..	»	2 45
Merlan.	»	2 41
Congre..	»	2 17
Excréments de chèvre mélangés.	2 16	3 93
Saumon.	»	2 09
Anguille.	»	2
Chrysalides de ver à soie.	1 94	8 99
Sole.	»	1 91
Poudrette de Bercy..	1 98	»
— de Montfaucon.	1 56	2 67
— de Bondy, prise à la fabrique.	1 40	»

	AZOTE DANS 100 PARTIES	
	à l'état normal et ordinaire.	à l'état sec.
Excréments de mouton mélangés.	1 11	2 99
Fumier des auberges du Midi.	79	2 08
Excréments du cheval mélangés.	74	3 02
Urine humaine non fermentée..	72	23 10
Excréments solides de cheval.	55	2 20
Résidus de colle d'os.	53	91
Merl (sable marin)..	51	52
Litière terreuse..	47	8 70
Urine de vache..	44	3 80
Excréments de vache mélangés.	41	2 50
Vase de la rivière de Morlaix..	40	42
Fumier de ferme pris pour type.	40	1 95
Goëmon dit brûlé..	38	40
Excréments solides de vache.	32	2 30
Coquilles d'huître..	32	40
Engrais flamand (vidanges).	22	»
Autre engrais flamand liquide, minimum..	19	»
Purin ou eau des fumiers.	06	1 54
Excréments de porc mélangés.	03	3 57

MATIÈRES VÉGÉTALES.

Tourteaux d'arachide.	8 33	8 89
— de sésame.	6 79	7 47
— de madia sativa.	5 60	5 70
— de cameline ou camomille..	5 50	5 93
— de pavots.	5 36	5 70
— de lin.	5 20	6
— de noix.	5 20	5 59
— de colza.	4 92	5 59
— de navette.	4 64	»
Radicelles ou touraillons de brasserie.	4 51	4 90
Tourteaux de coton.	4 50	4 92
Trouille d'Avignon.	4 30	»
Tourteaux de chénevis.	4 20	4 78
Graines de lupin blanc.	3 49	4 55
Tourteaux de faine.	3 31	3 53
— de hêtre.	3 30	3 53
Tourbe de Mennecy..	2 40	»
Résidu des eaux de rouissage de lin..	»	2 24
Paille de fèves.	2 10	2 31
Tourbe de Vulcaire.	2 09	»
Fanes de pois..	1 79	1 95
Feuilles de bruyère.	1 75	1 90
Marc de raisin.	1 71	3 31
Tourbe de mer de Tevin (Finistère).	1 70	»
Lupin blanc, feuilles et fleurs..	1 65	1 87
Racines de trèfle.	1 61	1 77
Feuilles de poirier.	1 36	1 53
Suie de houille.	1 35	1 59
Paille de froment (partie supérieure)..	1 33	1 42
Genêt, tige feuillée..	1 22	1 37
Feuille de hêtre..	1 17	1 96
— de chêne d'automne.	1 17	1 56
Buis, rameaux et feuilles.	1 17	2 89
Suie de bois.	1 15	1 31
Fanes de lentille.	1 01	1 12
Fumier de couche épuisé.	1 08	1 57
Paille de vesce.	1 08	1 20
Tiges d'œillette..	95	1 10

	AZOTE DANS 100 PARTIES	
	à l'état normal et ordinaire.	à l'état sec.
Fanes de carotte	85	2 94
Balles de froment (menues pailles)	85	94
Roseaux coupés en fleurs	75	1 06
Tiges de colza	75	86
Feuilles d'acacia d'automne	72	1 53
Navette	74	3 70
Tourteau de marc d'olive	73	»
Feuille d'acacia	72	1 55
Paille de millet	78	96
Tourbe de Saumur	65	»
Houblon cuit des brasseurs	60	2 22
Marc de pommes à cidre	59	63
Tourbe de Montoir	56	»
Fanes de betterave	50	4 50
— de pommes de terre	55	2 30
Tourteaux d'épuration d'huile	54	58
Fèves	51	2 03
Fanes de madia sativa	57	66
Sciure de bois de chêne	54	72
Feuilles de peuplier	53	1 16
Ecumes des défécations de sucre	53	1 57
Autres	58	1 42
Pulpe de pomme de terre	52	1 95
Paille de froment entière	49	53
— de sarrasin	.48	54
— de saromine	48	54
Madia sativa, plante entière	45	1 53
Paille de froment, partie inférieure	41	43
Fumier de ferme, pris pour type	40	1 95
Pulpe de betterave	37	1 26
Tiges sèches de topinambours	37	43
Spergule	39	1 17
Trèfle en fleurs	37	1 50
Suc de pomme de terre expressée	37	3 28
Dépôt des eaux de féculerie (4 fois le volume des pommes de terre)	36	1 81
Suie de bois d'acacia	29	38
Paille d'avoine	28	36
Sciure de bois de sapin	23	31
Paille d'orge	23	26
— de riz	25	30
Sarments de vigne	28	38
Sarrasin	16	54
Paille de maïs	19	24
Paille de seigle d'Alsace	17	20
Tranches de betteraves épuisées	09	1 75
Eaux de féculerie (4 fois le volume des pommes de terre)	07	8 28

ENGRAIS DIVERS.

Noir anglais	6 95	8 02
Herbes marines animalisées	2 10	2 73
Noir animal de Paris	1 37	1 91
Noir animalisé dit Engrais hollandais / — des environs de Lyon	1 36	2 48
Résidus de bleu de Prusse	1 31	2 80
Noir animalisé récent (Baronnet)	1 24	2 96
— après 10 mois de fabrication	1 09	1 96
Noir animal des raffineries	1 06	2 04
Engrais de poissons (Ichtyo-Guano)	12	»

	AZOTE DANS 100 PARTIES	
	à l'état normal et ordinaire.	à l'état sec.
Engrais Sussex	4 49	»
— de la Compagnie des engrais	8	»
— Derrien, de Nantes	4 30	»
— Lainé	1 25	»
— de la Compagnie maritime	10	»
— du Dr Abendroth, de Dresde	4 50	»
— Lesénéchal, de Nantes	10 50	»
— de la Société graduée de Tours	1 20	»
Autre —	2 90	»
— —	1 61	»
Engrais Demolon	2 67	»

Engrais minéraux.

Phosphates. — Sels alcalins

Le Phosphate est un sel résultant de la combinaison de l'Acide phosphorique avec différentes bases. De même que le *Fumier* est le type des engrais, de même le *Phosphate de chaux* des os sera le type des Phosphates.

En langage commercial, il est d'habitude en France de sous-entendre que *Phosphate de chaux* signifie Phosphate de chaux des os, c'est-à-dire 46.16 d'Acide phosphorique et 53.84 de chaux.

Il est important de faire voir ce qu'il y a de vague dans une telle dénomination.

La chimie reconnaît que l'Acide phosphorique et la Chaux peuvent former trois combinaisons bien définies, contenant des proportions distinctes d'Acide phosphorique.

Voici le tableau de ces combinaisons :

	Acide phosph.	Chaux	Eau.
Phosphate neutre de chaux	41 61	22 36	26 03
Phosphate basique de chaux ou phosphate des os	46 16	53 84	»
Phosphate acide de chaux	61 03	23 72	15 25

Nous ferons remarquer que le Phosphate basique de chaux est insoluble dans l'eau pure, tandis que le Phosphate acide s'y dissout facilement.

On peut voir par là que lorsqu'on entame une transaction relative à des Engrais industriels, il peut arriver que les mots *Phosphate de chaux* soient l'objet d'une contestation en somme bien fondée. L'Acide phosphorique, en effet, représente souvent le principe important de la matière livrée, et, selon que cet Acide fait partie d'un Phosphate acide ou d'un Phosphate basique, les conditions de vente doivent être modifiées; car il est de la dernière évidence que 46.16 de Phosphate basique ne peuvent avoir la même valeur que 61.03 de Phosphate acide, alors que celui-ci est dépouillé de 28 de Chaux qui se trouvent en plus dans le premier.

Sous forme d'os, le Phosphate basique de chaux a toujours été l'objet d'un emploi considérable en agriculture, emploi justifié par l'analyse qui suit.

100 kil. d'os débarrassés du périoste, de la moelle et de la graisse.

Cartilage	32 25
Vaisseaux	1 01
Phosphate de chaux basique	52 26
— de magnésie	1 05
Chlorure de calcium	1
Carbonate de chaux	10 21
Soude	92
Chlorure de sodium	25
Oxyde de fer et de manganèse, pertes	1 05

En résumé, l'os sec dégraissé renferme 52 p. 100 de Phosphate basique de chaux.

MM. Payen et Boussingault lui assignent en outre de 5 à 7 d'Azote.

La valeur agricole du Phosphate basique est de 7 fr. 88 c.

Ainsi lorsque le cultivateur achètera des Phosphates, quelle qu'en soit la nature, il devra s'enquérir de leur dosage, afin de n'être pas trompé. Il tiendra toutefois compte de leur combinaison.

Le Phosphate se trouve encore à l'état fossile dans des gisements sous forme de *coprolithes*, de nodules : en France dans un certain nombre de départements, en Espagne dans les montagnes de l'Estramadure. On trouve dans ces derniers jusqu'à 80 p. 100 de Phosphates assez solubles.

Les Phosphates fossiles employés sur les terrains récemment défrichés produisent d'heureux résultats.

Phospho-Guano.

On livre dans le commerce, sous le nom de *Phospho-Guano*, au prix de 29 fr. 50 c. les 100 kil., un produit qui contient :

Eau	11 13
Matières organiques	14 74
Acide phosphorique à l'état soluble	12 90
(24 53 de phosph. des os).	
Acide phosphorique non soluble	4 13
(10 08 de phosph. des os).	

Acide sulfurique.	18 72
Silice.	2 53
Chaux.	31 39
Magnésie, potasse, soude, perte.	4 46

Comme il est facile de le voir, le principe dominant est le Phosphate de chaux et la Chaux. — Sa valeur agricole est ***au-dessous*** du prix qu'on le paie.

Sels alcalins.

Rôle des alcalis en agriculture.

Un illustre agronome a dit : « Les avertissements sur l'appauvrissement continu des terres en Sels alcalins deviennent chaque jour plus menaçants, et c'est à peine si quelques hommes d'élite les prennent en considération. Cette indifférence pour une des questions les plus importantes de l'économie rurale est incompréhensible ; qu'on y prenne garde, de cruelles déceptions peuvent surgir ; il faut qu'on se hâte d'ouvrir des sources de Potasse à l'agriculture pour les employer et les rendre utiles au bien général. »

Est-ce bien l'indifférence qui est la cause de l'emploi si restreint des Sels alcalins en agriculture? Nous ne le croyons pas. Le véritable motif, c'est le prix élevé de ces substances, qui jusqu'à ce jour n'a pas permis de les utiliser d'une façon rémunératrice.

Il faut aux agriculteurs des Engrais peu coûteux et d'un emploi facile. L'agriculteur n'aime pas les grandes dépenses. C'est triste à dire, mais c'est la vérité.

En principe, les Engrais alcalins sont utiles à tous les végétaux. Il n'en est aucun, en effet, qui ne renferme dans ses tissus une plus ou moins grande quantité de Sels à base de Potasse, de Soude et de Magnésie. Mais il est certaines plantes, telles que les betteraves, le tabac, les pommes de terres, la vigne, le trèfle et toutes les légumineuses, qui exigent impérieusement de la Potasse pour leur nourriture, et qui dépérissent et meurent si elles en sont privées.

Pour bien se rendre compte de l'utilité des alcalis, nous mettons sous les yeux du lecteur la composition de chacun d'eux qui servira en outre à en faire ressortir la valeur agricole.

	Azote.	Potasse.	Soude.
Nitrate de potasse. . . .	14	46	»
— de soude.	16	»	39
Carbonate de potasse.. .	»	56	»
— de soude. . .	»	»	65
Sels alcalins bruts. . . .	»	14	26
— sulfatisés. .	»	17 80	28
Sulfate d'ammoniaque. .	20 à 21	»	»

VALEUR AGRICOLE.

Nitrate de potasse. . .	70 fr.	Carbonate de soude.. .	35 fr.
— de soude. . . .	35 25	Sels alcalins bruts. . .	14 à 15
Carbonate de potasse. .	56 à 60 fr.	— sulfatisés.	17 à 20
Sulfate d'ammoniaque..	33 fr. à 34		

La valeur de l'Azote et de la Potasse est calculée d'après la valeur de l'Engrais type.

L'emploi de Sels alcalins bruts serait très-avantageux s'il n'y avait pas dans leur composition une si grande quantité de chlorure de sodium et d'eau.

Terminons ce qui concerne les Engrais alcalins par la composition des Engrais alcalins bruts et sulfatisés.

1° ENGRAIS ALCALIN BRUT.

Sulfate de potasse..	25 80
— de magnésie.. . . .	12 40
Chlorure —	13 40
— de sodium.	18 50
Eau.	29 90
Titre potasse. .	14 44

2° ENGRAIS ALCALIN SULFATISÉ.

Sulfate de potasse.	32 30
— de soude.	28 20
— de magnésie.	36 60
Eau sel marin. . . . . . . } Matières insolubles. . . . . }	2 90
Titre potasse. .	17 80

Engrais végétaux.

Dans le tableau de la richesse en Azote des différentes matières considérées comme Engrais, on peut voir la nomenclature et la richesse des divers Engrais végétaux. Ce qui nous dispense d'y revenir.

Connaissant les éléments contenus dans les diverses matières qui peuvent rendre à la terre ce que les récoltes lui enlèvent, nous allons rendre cette perte sensible à tous les yeux.

Richesse enlevée à la terre par les récoltes (par hectare).

On a cru pendant longtemps que les Engrais perazotés, tels que le Guano, les chiffons de laine, les tourteaux, pouvaient, sans le secours des alcalis, suffire à la nutrition des plantes; mais on n'a pas tardé à se convaincre du contraire. Dans les contrées où les betteraves et les pommes de terre sont cultivées sur une large échelle, et où les agriculteurs emploient les Engrais les plus actifs, ces Engrais ont pendant longtemps fourni de brillantes récoltes; mais aujourd'hui ils ne peuvent donner de bons résultats.

L'épuisement résultant de la fumure continue avec le Guano est un fait tellement avéré que les fermiers anglais, et d'autres avec eux, frappés de la stérilité apportée dans leurs champs par l'emploi répété de cette matière, ont appelé cette stérilité *maladie du Guano*, et ils ne la combattent que par l'emploi des Cendres et et des Engrais alcalins.

D'un autre côté, le Dr Gruneberg dit : « Le Phospho-guano et les autres Engrais concentrés apportent dans nos champs les Phosphates indispensables à la plupart des plantes, et nous obtenons ainsi une bonne récolte pendant plusieurs années. Le sol est poussé par ce puissant Engrais, et donne, autant qu'il le peut, les éléments en dehors de l'Acide phosphorique dont la plante a besoin pour prospérer. Il fournit l'Acide sulfurique, la Magnésie, la Silice, le Sel marin et surtout la Potasse, aussi longtemps qu'il est en état de le faire; il aide de toutes ses forces à assurer une bonne croissance; mais il donne comme un dissipateur, il donne sans observer la loi de sa propre conservation, et nous voyons s'épuiser le sol fumé pendant plusieurs années de suite avec le Guano, la Poudre d'os, et devenir incapable de donner des produits, même avec des engrais de Phosphates les plus puissants.

» L'épuisement du sol par suite d'insuffisance d'engrais a été l'objet de bien des exhortations; mais le danger d'une calamité semblable par suite de fumure irrationnelle ou excessive n'a pas été encore suffisamment signalé.

» Cet épuisement aura lieu, *à fortiori*, si l'un des éléments fixes, l'Acide phosphorique, par exemple, est fourni en surabondance au sol, sans être accompagné d'une quantité proportionnelle d'autres éléments cinéraires, tels que la Silice et la Potasse.

» Tous ces dangers et désastres disparaissent, toute perplexité cesse et la voie que doit suivre l'agriculture est aisée et sûre, si on prend pour guide les lois naturelles de l'agronomie, parmi lesquelles est prédominante celle qui enjoint la restitution scrupuleuse au sol, les éléments cinéraires enlevés par les récoltes. »

Cette opinion, si rationnelle et si formellement exprimée, après Liebig, par tant d'hommes éminents, est aujourd'hui universellement admise ; elle est suffisante, selon nous, pour légitimer l'emploi absolu des engrais complets, c'est-à-dire contenant l'Azote, la Chaux, l'Acide phosphorique et les Alcalis. Sans la réunion de ces principes, les engrais naturels, tels que le Guano, les Tourteaux, les Vidanges, la Poudrette, les Chiffons, les Bourres, malgré leur valeur réelle, appauvrissent le sol. Nous rangeons la Poudrette et les Vidanges dans la catégorie des Engrais appauvrissant le sol, parce qu'elles ne contiennent pas toute la Potasse et tout l'Acide phosphorique exigés par le déploiement et la nutrition des plantes.

A l'appui de ces considérations et de ces faits, comparons l'analyse du Guano et de la Poudre d'os avec celle de plusieurs plantes des plus répandues en agriculture. Nous compléterons ce tableau en y ajoutant l'analyse des Tourteaux, résidu de Graines oléagineuses, engrais très-employé en France, surtout dans le Midi.

SUBSTANCES.	Guano.	Poudre d'os.	Betteraves.	Froment.	Pommes de terre.	Trèfle.	Pois et haricots.	Tabac.	Moût de vin.
Potasse.	1 50	»	52	30	57	36	40	26	6 50
Chaux.	34	22	2	4	» 80	22	6	39 5	3 30
Magnésie.	2 50	»	4	12	2 50	4	6	9 6	4 70
Acide phosph. . .	11	27	12	45	10	6	30	1 4	10 50

Ces chiffres parlent assez par eux-mêmes et n'ont besoin d'aucun commentaire. Contentons-nous de simplifier le travail du lecteur, en mettant sous ses yeux les rapports tirés du tableau précédent.

Le froment (grains et paille) exige	pour	1 de phosph.	0,75	de potasse.
Le moût de raisin	—	—	4,00	—
La betterave	—	—	4,30	—
La pomme de terre	—	—	3,44	—
Le trèfle	—	—	6,00	—
Le tabac	—	—	18,80	—

COMPOSITION DES TOURTEAUX POUR 100 PARTIES DE LEUR POIDS.

	Azote.	Potasse et soude.	Sels minéraux.	Phosphates.
Tourteaux d'arachide. . .	6,07	0,27	5	1,20
— de colza. . . .	5,55	0,13	6,50	6,50
— d'œillette. . .	7	0,62	12,50	3,60
— de ricin. . . .	3,83	1,28	7,50	5,28
— de sésame. . .	5,57	0,57	9,50	3,20
— de chanvre. .	6,20	0,57	10,50	7,10

On voit, par les tableaux qui précèdent, que ni les Tourteaux, ni le Guano, ni la Poudre d'os ne peuvent nourrir complétement la plante.

Voici, au surplus, les richesses enlevées par les récoltes sur un hectare.

	Sels alcalins.	Chaux.	Acide phosph.	Acide sulfurique.	Azote.
1000k racines de betterave. .	3 50	0 60	0 50	0 02	2 30
1000k grains de froment. . .	6 30	0 70	10	0 30	21
1000k paille — . .	5	5	2	0 50	4
1000k grains d'avoine.	4 50	2	5	0 40	18
1000k paille —	10 50	3	1	1 50	3
1000k trèfle sec.	16	22	7 80	5 80	19

Ou pour la récolte totale :

30,000k racines de betterave. .	100 à 110	18 à 20	15 à 18	600 à 800g	70 à 75
2000k froment (grains). . . .	12 à 15	14 à 20	20 à 25	600g à 2k	42 à 45
5000k — (paille).	25 à 30	10 à 15	10 à 15	250g à 4k	20 à 25
2000k avoine (grains).	9 à 12	8 à 10	10 à 15	800g à 2k	36 à 40
4000k — (paille).	40 à 45	12 à 15	4 à 8	6 à 8k	12 à 15
5000k trèfle sec.	80 à 85	110 à 120	35 à 40	30 à 35k	95 à 100

Les carottes, les choux-raves, les navets, les rutabagas, les vesces ont ici pour type la betterave ; le seigle, l'orge, le maïs, le froment et l'avoine ; le trèfle sert de type au foin, sainfoin, à la luzerne et autres plantes fourragères.

Le colza, le chanvre et le lin exigent la Potasse des céréales avec le double d'Acide phosphorique.

Voici encore quelques analyses qui ne seront pas sans utilité :

ANALYSE DE LA BETTERAVE CHAMPÊTRE.

Eau. . . . . 83 88.

10,000 kil. de racines sèches donnent :

Carbone, oxygène et hydrogène. . .	92 10
Azote.	1 66
Acide carbonique.	1 00
— sulfurique.	18

Acide phosphorique.	37
Chlore.	32
Chaux.	42
Potasse.	2 51
Magnésie.	28
Soude.	37
Silice.	52
Fer et alumine.	15
Autres matières et pertes.	20

10,000 kil. de pommes de terre donnent à l'état sec :

Carbone, oxygène et hydrogène. . .	89 00
Azote.	1 50
Acide carbonique.	52
— sulfurique.	27
— phosphorique.	44
— silicique.	22
Chlore.	10
Chaux.	7
Magnésie.	21
Potasse.	2 00
Soude.	traces.
Perte.	57

Nous donnons l'analyse du navet, plante de la même nature que la pomme de terre.

Composition pour 100.

	Racines sèches.	Feuilles sèches.
Potasse.	5 28	2 16
Chaux.	1 52	2 55
Acide sulfurique.	1 52	»
— phosphorique. . . .	0 80	0 12
Silice.	0 89	0 61
Azote.	1 68	0 78

Composition de quelques légumineuses pour 100 de la plante sèche.

PLANTES.	ALCALIS.		ACIDES			AZOTE.
	Potasse.	Chaux.	Sulfurique.	Phosphor.	Silicique.	
Haricots.	1 50	0 18	0 07	0 98	0 02	4 30
Fèves (grains). . .	1 29	0 23	0 04	1 21	0 08	5 50
— (paille). . .	1 06	0 24	»	0 17	0 96	2 31
Pois (grains). . .	1 43	0 08	0 13	0 02	0 02	4 18
— (paille). . . .	3 43	2 17	0 74	0 78	0 78	2 31
Lentilles.	4 02	0 32	»	0 11	0 11	4 40
			100 kilos de fourrage sec.			
Luzerne.	1 78	1 99	0 10	1 70	0 07	2 35
Trèfle.	2 10	1 90	0 15	0 45	0 41	2 00
Sainfoin.	2 16	2 48	0 13	2 00	0 08	1 68
Fèves de pré. . .	1 03	1 22	0 14	0 21	2 00	1 34

La Soude convient beaucoup plus au sainfoin que la Potasse.

Bien que nous ne soyons pas dans une localité où la culture du tabac soit permise, on nous saura gré de faire connaître la composition de cette plante.

100 kil. de Cendres (moyenne de 10 échantillons) ont donné :

Potasse.	12 80
Magnésie.	8 47
Chaux..	26 51
Sel marin.	3 76
Chlorure de potassium. . .	3 14
Phosphate de fer..	4 60
Sulfate de chaux..	5 06
Silice.	6 85
Acide carbonique.	16 19
Carbone et sable..	12 63

Le tabac est une plante à Potasse.

La garance est avide d'Alcalis. La Potasse, la Soude et la Chaux doivent dominer dans l'engrais qu'on lui destine.

En voici au surplus trois analyses :

	Garance d'Alsace.		Garance de Zélande.
Potasse.	20 30	18 07	2 73
Soude.	11 04	7 91	20 87
Chaux..	24	19 84	13 01
Magnésie.	2 60	2 50	2 53
Oxyde de fer.	0 82	2 28	2 13
Acide phosphorique. . . .	3 62	3 13	13 44
— sulfurique.	2 56	1 45	2 28
Chlore..	3 27	8 98	10 04
Silice.	1 16	3 63	13 10
Acide carbonique.	25 83	21 35	11 60
Carbone.	4 13	11 48	5 93

La garance est une des plantes qui peuvent supporter le plus d'engrais et donne un maximum de produits en rapport avec les fortes fumures que l'on fournit au sol. Elle n'en absorbe cependant qu'une faible proportion.

La garance, ajoute M. de Gasparin, est une plante exigeante et paresseuse qui veut vivre dans l'opulence, mais qui en profite peu ; après sa récolte, le surplus de l'engrais reste pour les cultures subséquentes. Aussi voit-on la luzerne et le blé lui succéder fort avantageusement et témoigner, par leur végétation florissante, du bon état de la terre.

Nous terminerons toutes ces analyses en reproduisant le tableau suivant :

MATIÈRES ENLEVÉES AU SOL PAR LES RÉCOLTES SUIVANTES ET AYANT PRODUIT LES QUANTITÉS CI-APRÈS.

DÉSIGNATION.	Betteraves 20,000 k. de feuilles.	Betteraves 40,000 k. de racines.	Trèfle en bottes 6000 k.	Foin en bottes 4000 k.	Blé en gerbes 6000 k.	Avoine en gerbes 5000 k.
Potasse......	114	135	80	60	25	21
Soude......	17	20	18	20	15	6
Chaux......	31	21	100	41	21	7
Magnésie.....	36	20	50	16	14	5
Fer et alumine. .	?	8	?	5	3	?
Acide phosphor. .	13	18	28	25	17 5	8 5
— sulfurique.	?	6	8	8	?	3
Silice......	?	24	15	95	120	49
Chlore......	15	16	8	7	2	3 3
	226	268	307	277	220 5	102 8
Azote......	93	84	63	50	78 50	45

La vigne occupe une des premières places dans les rangs de l'agriculture ; son extension, déjà si considérable, est loin toutefois d'avoir acquis tout le développement dont elle est susceptible ; la consommation du vin augmente chaque jour, et les plantations se multiplient plus rapidement encore.

La nécessité des engrais se fait sentir d'une manière intermittente dans cette culture, et il faut les employer d'une manière judicieuse.

Occupons-nous des engrais propres à régénérer un vignoble épuisé et à maintenir la production de ceux qui sont en plein rapport.

Les matières azotées par exemple, lorsqu'elles sont en excès, favorisent le développement du bois et du feuillage sans exercer sur le fruit un développement analogue. On voit, en effet, des vignes, dont la végétation a été rendue luxuriante par l'exagération des engrais azotés, devenir peu aptes à la fécondation et être ainsi stérilisées pendant plusieurs années.

Quel est donc le genre de fumure qui convient à la vigne ?

Comme nous l'avons fait connaître pour les autres cultures, abordons cette question par l'examen des substances qui entrent dans la composition des différentes parties de la vigne.

Indépendamment de la partie ligneuse ou foliacée, dont les éléments essentiels sont : le *carbone*, l'*hydrogène* et l'*oxygène* fournis concurremment par les matières humiques, par l'eau qui mouille le sol et par l'air qui le traverse, la vigne offre, comme substances essentielles à sa composition :

L'Azote,

La Potasse, la Soude, la Magnésie, la Chaux,

L'Acide phosphorique et l'Acide sulfurique.

L'Engrais pour la vigne doit donc contenir une certaine proportion de matières azotées à décomposition lente ; mais surtout ce qu'il faut restituer ou fournir au sol, ce sont les sels alcalins et terreux, qu'il ne contient pas ou dont il tend à s'épuiser.

Cette vérité ressort de l'analyse suivante, faite par M. de Gasparin et indiquant la proportion de Potasse enlevée au sol pour une production de 100 kil. de raisins :

100 kilos de raisins correspondent à	62.50 de	vin	contenant	0.35 de potasse.
	16.66 de	marc	—	0.21 —
	187, de	sarments	—	0.17 —
	123.42	feuilles sèches	—	0.18 —
			TOTAL.	0.91 de potasse.

Il en résulte qu'une production de 50 hectolitres à l'hectare nécessiterait, pour la croissance des diverses parties de la plante, 73 kil. de Potasse.

Or, comme les feuilles sont perdues ou mangées par les animaux, comme les sarments et le vin sont exportés et qu'une partie seulement des marcs retourne à la terre, il y a chaque année perte d'au moins 60 kil. de Potasse pour 50 hectolitres de vin.

D'un autre côté, M. Boussingault, pour une production de 32 hectolitres, accuse une perte :

	POTASSE.	SOUDE.	CHAUX.	MAGNÉSIE.	ACIDE PHOS.	ACIDE SULF.
Dans les sarments..	6.78	0.07	10.28	2.30	3.92	0.60
Dans les marcs. . .	7.10	0.07	2.06	0.42	2.06	1.04
Dans le vin.. . . .	2.73	».»»	0.30	0.56	1.33	0.31
	16.61	0.14	12.64	3.28	7.31	1.95

Ici les feuilles ne sont pas comprises, ce qui explique les différences existant avec M. de Gasparin.

Les vignobles des environs de Montpellier, plantés en aramon, hors des plaines d'alluvion, donnent une récolte moyenne de

VIN.	120 hectolitres	par hectare.
MARC.	1,680 kilogram.	—
SARMENTS.	3,160 —	—

	POTASSE.	AZOTE.
Un litre de vin contient en moyenne. . . .	1g5	0g200
Le marc pour 100 contient.	0 460	0 924
Les sarments frais pour 100 contiennent. .	0 250	0 108
De ces chiffres, on en déduit que		
120 hectolitres de vin renferment.	12k600	2k400
1680 kilos de marc renferment.	7 780	15 420
2160 kilos de sarments renferment.	3 950	3 410

Là encore, il n'a pas été tenu compte des quantités d'Azote et de Potasse contenues dans les lies et les taches qui se déposent dans les futailles, pendant les six mois qui suivent la fabrication du vin.

Les éléments enlevés par les feuilles sont aussi négligés, et celles-ci cependant renferment de fortes proportions d'Azote et de Potasse.

Les chiffres seraient donc fortement augmentés par ces deux additions.

Quoi qu'il en soit et sauf à déterminer par des expériences plus multipliées et faites sur des produits locaux, les proportions de matières fertilisantes qui sont nécessaires à la culture de la vigne, il ressort de ces renseignements, qu'il faut offrir à la vigne dans le sol qui doit la porter : de la *Potasse*, de la *Chaux*, de l'*Acide phosphorique*, et, accessoirement, de la *Magnésie*, de la *Soude*, de l'*Acide sulfurique*, enfin de la *Silice*.

Partant des données générales que nous venons d'indiquer, le fumier de ferme serait pour la vigne un engrais trop azoté ; les engrais artificiels inorganiques peuvent le remplacer avantageusement, mieux que pour toute autre culture. Ils ont moins d'activité que les Engrais organiques, mais leur effet est plus durable.

Les urines et la poudre d'os ont été reconnues influer efficacement sur la fructification et avoir la propriété de diminuer la coulure; les urines renferment outre l'Azote, de fortes quantités de

Carbonates alcalins, et les os contiennent des Phosphates de chaux; c'est donc un mélange qui constitue un Engrais complet.

Un mélange de marc de raisin, de terre et de chaux; les résidus des distilleries, les débris de corne, les chiffons de laine et les crins étant des engrais à décomposition lente, sont encore des fumures rationnelles.

Le marc des raisins est employé avantageusement pour donner de la vigueur à la plante.

L'emploi des sarments est d'une utilité réelle comme engrais, mais il ne faut pas exagérer leur importance; quand près des villes on les vend à 15 ou 20 fr. les 1000 kil., il vaut mieux les exporter de la ferme et acheter d'autres produits pour la vigne.

Les tourteaux sont aussi employés, mais ils ont tous les inconvénients des engrais incomplets : il vaut mieux les mêler aux Engrais alcalins.

Ainsi un Engrais rationnel pour la vigne sera celui formé de matières organiques, inorganiques et minérales, en prenant pour base de 60 à 70 kil. de Potasse par hectare, 60 kil. d'Azote, 4 ou 5 de Soude, 50 de Chaux et 30 d'Acide phosphorique.

Préparation des engrais.

Connaissant la nature du terrain, la constitution des plantes, la composition des matières que l'on peut utiliser comme engrais, il ne nous reste plus qu'à faire connaître les principes qui nous guident dans nos préparations.

Nous pouvons dire que, depuis quelques années, nous avons mis tous nos soins à initier le cultivateur dans notre fabrication, afin de lui donner la plus grande sécurité possible. Nous resterons dans cette voie de la loyauté en même temps que du succès, et nous prendrons pour devise : Maintien de la richesse dans le sol par la production d'engrais ne renfermant que des éléments utiles.

Le tableau suivant fait connaître la composition de nos divers engrais. Les chiffres représentent le titre effectif des principes qu'ils renferment; les prix sont basés sur leur valeur réelle en comptant l'Azote à 1 fr. 65 c. le kilogramme; l'Acide phosphorique et la Potasse à 1 fr.

ENGRAIS POUR CÉRÉALES ET PRAIRIES.

DÉSIGNATION.	Matières organiques.	Azote.	Acide phosphorique.	Potasse.	PRIX des 100 k.	PRIX de l'hectol.
1° Poudrette sans mélanges.. . .	48	4 12	3 62	2 01	12 fr.	7 fr.
2° — ordinaire, avec 20 ou 30 p. °/₀ de mélanges..	62	2 88	2 54	1 50	8	5
3° Poudrette ordinaire, avec 20 p. °/₀ de chaux.	51	2 30	2 04	1 20	8	5
4° Poudrette ordinaire, avec 10 p. °/₀ de sels alcalins.	55	2 08	2 29	2 90	9	6
5° Poudrette ordinaire, avec chaux et sels alcalins.	44	2 02	1 78	2 34	8	5
6° Poudrette ordinaire, avec 20 p. °/₀ de phosphates fossiles. . . .	45	2 30	6 12	1 20	9	6
7° Poudrette ordinaire, avec 10 p. °/₀ de phosphates des os. . . .	50	2 42	6 12	1 20	9	6
8° Poudrette ordin., avec potasse.	58	3 40	2 36	3 72	12	8
9° Poudrette ordin., avec potasse et sels..	58	2 68	2 36	5 52	12	8
10° Poudrette ordin., avec phosphates et potasse..	49	2 25	5 38	5 06	15	10
11° Poudrette ordin., avec phosphates, potasse et sels.	46	2 10	4 85	6 55	15	10
12° Poudrette ordin., avec phosphates, potasse, sels et chaux..	39	1 81	4 60	6 55	15	10
13° Guano, 1er type.	31	4	7	4	18	12
14° Guano, 2e type..	31	7 50	5	6	25	»
15° Phospho-Guano.	22	4	17 50	5	25	»
ENGRAIS POUR VIGNES, ARBRES ET ARBUSTES.						
1° Poudrette pure en grumeaux..	48	4 12	3 62	2 01	12	7
2° Engrais mixte, matières fécales et chiffons, bourres..	74	8 06	1 86	1	10	»
3° Engrais mixte, matières fécales, chiffons et phosphates.	63	6 84	5 96	1	12	»
4° Engrais mixte, matières fécales, chiffons et potasse.	68	7 49	1 18	5 06	12	»
5° Engrais mixte complet.. . . .	57	6 28	5 05	4 85	15	»

On remarquera que dans les engrais pour vignes, arbres, etc., l'Azote n'est compté qu'à 1 fr. ou 1 fr. 10 c. le kilo.

On remarquera également que la Poudrette sert de base à toutes nos préparations, et que, par l'emploi des engrais alcalins et minéraux, on peut arriver à rendre à la terre tout l'emprunt des récoltes.

Pour faire une fumure rationnelle, active et avantageuse, il faut agir simultanément, et par le fumier et par les engrais industriels. Ce système a un double avantage qui frappe les yeux les moins clairvoyants.

En effet, le fumier, par l'humus qu'il apporte, rend à la terre ce que les engrais alcalins et minéraux ne peuvent lui donner. D'un autre côté, ces derniers apportent des principes que le fumier serait incapable de fournir, à moins d'être employé à une forte dose, 50,000 kilos, par exemple. Mais on ne doit pas perdre de vue que l'action du fumier est lente, tandis que celle des engrais alcalins et minéraux est immédiate, à moins de circonstances climatériques contraires, dont le fumier n'est pas non plus à l'abri.

Voici quelques formules de fumure complète par l'emploi simultané du fumier et des engrais que nous préparons.

BETTERAVES (PRODUCTION DE 40,000 K. DE RACINES).

10,000 kil. de fumier de ferme avec 1000 kil. d'engrais contenant :

Potasse.	109k 50
Acide phosphorique.	12 70
Azote.	26 98

Cette fumure, en tenant compte de l'Azote puisé par la plante dans l'atmosphère, rapportera au sol 135 kil. de Potasse, 30 d'Acide phosphorique et 66 d'Azote, c'est-à-dire toutes les pertes essuyées par le sol.

Pour une production de 30,000 kil. de racines de betteraves avec 5,000 kil. de fumier, on emploiera 1,000 kil. d'engrais contenant 77 kil. de Potasse, 3 kil. d'Acide phosphorique et 36 kil. d'Azote.

Enfin, pour 20,000 kil. de betteraves, on n'aura qu'à ajouter 1,000 kilos d'engrais contenant, 55,20 de Potasse, 12 d'Acide phosphorique et 36,04 d'Azote.

L'Azote est pris dans les matières organiques des poudrettes, dans les nitrates de soude et de potasse, dans le sulfate d'ammoniaque, dans les dépouilles animales, chiffons, bourres, etc., etc.

Pour la pomme de terre, et suivant toujours le même principe, il faudrait ajouter à 50,000 kil. de fumier, représentant 123 kil. de Potasse, 43,40 d'Acide phosphorique et 200 kil. d'Azote ; il faudrait ajouter, disons-nous, 77 kil. de Potasse, pour rendre au sol ce que 10,000 kil. de tubercules lui enlèvent (le calcul est fait à l'état sec).

Mais, si on veut agir en même temps par le fumier et par les engrais, il faudra ajouter :

A 20,000 kil. de fumier : Potasse, 150 80 ; acide phosph., 26 40 ; azote, 66.
A 10,000 kil. — — 175 40 ; — 35 20 ; — 110.

Pour la fumure du trèfle, qui réclame pour une récolte de 6,000 kil. en bottes, il faut que l'engrais ajouté à 10,000 kil. de fumier contienne en sus, 55,60 de Potasse, 10,40 d'Acide phosphorique et 19 d'Azote.

Avec 5,000 kil. de fumier il faudrait, pour équilibrer les pertes de sa production : Potasse, 67,70 ; Acide phosphorique, 19,20 ; Azote, 41.

Pour le blé, 20,000 kil. de fumier auquel on ajoute 34 d'Azote, donneront une fumure complète ; mais, avec 10,000 kil., il faudrait ajouter un engrais renfermant 24,60 de Potasse, 8,80 d'Acide phosphorique et 56 d'Azote.

L'avoine se contente des principes contenus dans 20,000 kil. de fumier.

Pour la vigne, on sait qu'il faut lui donner, par hectare, 60 à 70 de Potasse, 30 d'Acide phosphorique et 60 d'Azote, avec de la Soude et de la Chaux. Il est facile de voir ce qu'il faut ajouter à 3,000 kil. de fumier ou à 10,000, pour compléter la fumure.

Voici les prix courants des engrais minéraux et alcalins qui entrent dans nos préparations :

Phosphate d'os fossile (42 de phosphate), les 100 kil.	10 fr.
Phosphate fossile acide.	15
— des os (53 de phosphate).	15
— des os acide.	20
Sels alcalins bruts.	10
— sulfatisés.	20
Nitrate de soude.	50
— de potasse.	75
Carbonate de soude.	45
— de potasse.	75
Sel ammoniaque.	50
Sulfate de potasse.	35

Ces prix sont ceux du jour ; ils sont sujets à la hausse ou à la baisse.

Engrais appropriés à la nature du sol et à la plante que l'on veut produire.

Toute préparation d'engrais, sous peine de faire fausse voie, doit tenir compte du terrain auquel on le destine et de la plante qu'il doit nourrir. Ainsi, aux terrains argileux, glaiseux, froids, il faut donner des engrais chauds. L'Humus et les Cendres, le premier en enrichissant, le second en divisant, y joueront un grand rôle ; la Chaux, dont ils sont privés, doit faire partie de la fumure, elle doit même être la matière dominante.

Les terres fortes demanderont un peu de Chaux et d'Humus, pour les ameublir et les diviser.

Aux terres franches, une fumure ordinaire d'entretien.

Les terrains sableux, sablo-argileux, graveleux et sablo-ferrugineux demandent des Phosphates et de la Chaux, et les terrains calcaires de la Potasse et de l'Humus, à l'exclusion des Phosphates et de la Chaux.

Le principe dominant de la plante doit être sans cesse tenu au premier rang des prescriptions, parce qu'il est nécessaire qu'elle trouve tous les éléments nécessaires à son entier développement.

Considérations générales. — Conclusion.

Le sol, dit avec raison M. Grandvoinet, de Grignon, dans son *Agriculteur praticien,* doit être considéré comme un capital qui ne doit jamais être *entamé* et qu'au contraire on doit accroître en valeur.

Quelle que soit la fertilité d'un terrain, il ne saurait produire indéfiniment, puisque, comme l'analyse nous l'a appris, chaque récolte enlève aux sols des valeurs considérables qui diminuent d'autant les richesses accumulées de ces terrains. Ainsi les terres les plus riches ne peuvent conserver toute leur valeur qu'autant *qu'on restitue au sol, au moins autant d'éléments fertiles que ceux que les récoltes leur enlèvent, et se bien pénétrer l'esprit que les engrais incomplets sont une source de graves mécomptes et la cause de l'appauvrissement du sol, parce que les végétaux sont obligés de prendre au sol les éléments qui manquent à ce même engrais.*

Il y a donc là un danger réel, sérieux, et nous pensons que les conséquences qui peuvent en résulter sont assez graves pour que chacun comprenne quelle importance il y a à n'employer que des engrais complets et avec quelle réserve on doit user de ceux qui ne le sont pas.

D'un autre côté, la culture par le fumier et le bétail ne peut donner des résultats avantageux, ainsi que l'a victorieusement démontré M. G. Ville, dans une conférence faite à la Sorbonne le 7 janvier 1869. Cet habile expérimentateur s'est appliqué à expliquer l'avantage que l'agriculture est appelée à retirer de la science et du crédit.

Parlant des systèmes de culture par le fumier et le bétail, il a démontré qu'ils étaient devenus manifestement insuffisants, et il a dit que le faible revenu qu'ils donnent ne peut être le résultat, ainsi qu'on l'a prétendu, d'une administration défectueuse, mais uniquement du mode de culture appliqué. Comme première preuve à l'appui de sa thèse, il a cité l'exploitation de la ferme de Bechelbronn, en Alsace, dirigée par M. Boussingault. Cette ferme, d'une contenance de 110 hectares, d'une valeur de 300,000 fr. et avec un fonds d'exploitation de 3,500 fr., ne produit, avec un intérêt fourni de 3 p. 100, qu'un bénéfice net de 3,500 fr., résultat bien minime. Il donne les rendements des principales cultures de la ferme, qui produit par hectare, 18 hectolit. de froment, 32 d'avoine, 26,000 kil. de betteraves et 4,354 kil. de foin, et il conclut de ces chiffres que, pour être dirigée par un praticien éclairé, il n'est pas moins vrai que l'on n'a obtenu qu'un mince résultat en n'employant que le fumier comme agent de fertilité.

Si l'on prétend que le faible produit obtenu à la ferme de Bechelbronn ne tient pas à un mode de culture adopté, mais bien à l'insuffisance du capital affecté à l'exploitation, il répond, par l'exemple de l'Institut de Grignon qui, affectant 1,000 fr. de fonds de roulement par hectare, a obtenu, à la première rotation, 20 hectolitres de froment et, à la deuxième, 24 ; pour le colza, il y a eu diminution, au lieu de 22 hectolitres obtenus au début, il n'y en a eu que 16 à la deuxième rotation.

L'avoine seule a donné une augmentation notable ; de 39 hectol. le rendement est arrivé à 51.

Après un tel exemple, M. G. Ville demande si on est autorisé à soutenir la toute-puissance du capital pour améliorer à bref délai les terres de qualité inférieure, et si on est fondé à prétendre qu'il y a avantage à improviser en quelque sorte les cultures fourragères pour faire l'élève et l'engraissement du bétail.

Il termine sa démonstration par l'exemple de Matthieu de Dombasle qui, après avoir voulu prouver à ses contemporains que la culture par le fumier et le bétail pouvait donner des résultats avantageux dans de mauvaises terres, lutta infructueusement pendant douze ans, et finit par reconnaître qu'il n'était pas dans le vrai. « Je me suis trompé, » dit Matthieu de Dombasle, « non; l'alternative des cultures n'est pas un moyen assuré de bénéfices et de progrès; malgré tous mes efforts, je n'ai pu dépasser le rendement de 12 hectol. pour le froment, 18,000 kil. pour les betteraves, 13 hectol. pour le colza, et tous mes comptes de culture se soldent en perte. »

On remédiera à cet état de choses, dit M. G. Ville, en faisant usage des produits chimiques et en prenant pour base : 1° de rendre à la terre plus que les récoltes ne lui enlèvent en *Acide phosphorique*, en *Potasse* et en *Chaux ;* 2° de lui rendre encore 50 p. 100 de l'Azote des récoltes, parce que l'atmosphère fournit l'autre moitié ; 3° d'employer les engrais chimiques seuls ou associés au fumier de ferme, le choix étant indifférent; seul moyen d'acquérir la facilité de varier et de régler à volonté la composition des fumures, suivant le besoin de chaque plante. Avec le fumier on a toujours une composition normale, tandis qu'avec les engrais chimiques, on fait prédominer, à son gré, la matière azotée, le Phosphate de chaux, la Potasse, là où cette prédominance est reconnue utile.

Se demandant enfin si l'emprunt appliqué à l'achat d'engrais est une opération rémunératrice, il se prononce pour l'affirmative et fixe un bénéfice de 10 p. 100. Voici, au surplus, sa conclusion :

« Il est donc certain que l'agriculture peut payer l'intérêt du capital qu'on lui confie et y trouver en fin de compte un bénéfice important.

» Il est aussi certain que, de tous les modes d'amélioration auxquels on peut avoir recours, aucun n'est comparable, par l'importance et la certitude des résultats qu'il donne, à ceux qui naissent d'une importation d'engrais.

» Le passé a pris son point de départ dans l'accroissement du bétail, nous devons prendre le nôtre dans un accroissement de fumure, et régler la question du bétail sur les résultats financiers qu'il assure et non sur les prétendues nécessités de produire plus de fumier. »

Nous partageons la manière de voir de M. Ville en ce qui concerne les fumures copieuses et complètes ; mais nous nous séparons de lui quand il prétend que l'on peut, sans crainte, employer les engrais chimiques seuls, à l'exclusion du fumier. Nous ne croyons pas que le sol puisse ne pas avoir besoin d'Humus. Nous sommes, au contraire, bien persuadés qu'il ne peut pas s'en passer, et que ce sera bien opérer que d'employer les fumures mixtes, qui ne peuvent causer des déceptions.

Disons-le bien haut, tous les efforts du cultivateur doivent donc tendre à se procurer la plus grande quantité possible d'engrais, les plus rationnels possible et au meilleur marché possible, parce que l'engrais est l'instrument le plus puissant de la production abondante et à bon marché.

Puissent les renseignements réunis dans cette brochure faire toucher du doigt cette grande vérité!

Formules d'engrais complets rendant au sol toutes les richesses enlevées par les récoltes d'après les productions suivantes en terrain ordinaire. En terrain calcaire, les phosphates sont supprimés; en terrain siliceux, la dose de potasse diminue.

N° 1. Engrais pour vigne. — Production de 100 hect. à l'hectare.

	Quantités.	Prix.	Titre de l'engrais total.	
Poudre d'os acide.	50k	10		
Sels bruts.	400	40	Azote.	101 04
Chiffons de laine, bourres, poils.	650	97 50	Acide phosph.	30 37
Poudrette.	350	28	Potasse. . . .	61 25
Chaux..	50	1 25		

1500 kil. à 12 fr. les 100 kil. ou 180 fr.
Une fumure bisannuelle ne coûterait que 285 fr.

N° 2. Autre engrais pour vignes.

Poudre d'os acide.	50	10		
Phosphates fossiles.	50	7 50		
Carbonates de potasse.	50	37 50	Azote.. . . .	106
Sels bruts alcalins..	300	30	Acide phosph.	31 48
Chiffons de laine.	700	105	Potasse. . . .	76
Poudrette.	300	24		
Chaux..	50	1 25		

1500 kil. à 14 fr. 50 les 100 kil. ou 217 fr. 50.
Une fumure bisannuelle coûterait 300 fr.

N° 3.

Chiffons de laine	700	105	Azote	125 15
Carbonate de potasse	100	75	Acide phosph.	37 78
Poudrette phosphatée	700	63	Potasse	69 50

1500 kil. à 16 fr. 50 les 100 kil. ou 247 fr. 50.
Et pour une fumure bisannuelle, 325 fr.

N° 4. Engrais pour betteraves.— Production de 40,000 kil. de racines.

	Quantités.	Prix.	Titre de l'engrais total.	
Poudre d'os acide	50	10		
Sels bruts	500	50	Azote	71 30
Nitrate de potasse	100	75	Acide phosph.	30 37
Sulfate d'ammoniaque	200	110	Potasse	125 75
Poudrette	650	52		

1500 kil. à 20 fr. les 100 kil. ou 300 fr.
Ou 50,000 kil. de fumier.

N° 5. Même culture. — Production de 35,000 kil. de racines.

1500 kil. à 16 fr. les 100 kil. ou 240 fr.
Ou 30,000 kil. de fumier.

N° 6. Même culture. — Production de 20,000 kil. de racines.

1500 kil. à 12 fr. ou 180 fr.
Ou 20,000 kil. de fumier.

N° 7. Engrais pour trèfle. — Production de 6000 kil. de fourrages en bottes.

Poudrette	1250	100	Azote	61
Sulfate d'ammoniaque	120	60	Acide phosph.	31 75
Sels bruts	450	45	Potasse	81 75
Plâtre	180	4 50		

2000 kil. à 10 fr. 50 les 100 kil. ou 210 fr.

N° 8. Autre engrais pour trèfle.

Sulfate d'ammoniaque	150	75		
Poudrette	1050	84	Azote	60 20
Carbonate de potasse	100	75	Acide phosph.	26 67
Sels bruts	50	5	Potasse	80 75
Plâtre	150	4 50		

1500 kil. à 16 fr. les 100 kil. ou 240 fr.

N° 9. Engrais pour pré. — Production de 4000 kil. en bottes.

Poudrette	1000	80	Azote	48 80
Sulfate d'ammoniaque	100	50	Acide phosph.	25 40
Carbonate de potasse	100	75	Potasse	70
Plâtre	300	9		

1500 kil. à 14 fr. les 100 kil. ou 210 fr.

N° 10. Autre engrais pour pré.

Sels bruts	400	40	Azote	48 80
Sulfate d'ammoniaque	100	50	Acide phosph.	25 40
Poudrette	1000	80	Potasse	71

1500 kil. à 11 fr. 50 les 100 kil. ou 172 fr. 50.

N° 11. Engrais pour blé. — 6000 kil. grains et paille.

Sulfate d'ammoniaque.	200	100			
Nitrate de potasse.	25	18 75		Azote.	74 93
Poudre d'os.	50	10		Acide phosph. .	41 89
Poudrette.	1100	88		Potasse. . . .	27 50
Chaux.	125	3			

1500 kil. à 15 fr. les 100 kil. ou 225 fr.

N° 12. Autre engrais pour blé.

	Quantités.	Prix.		Titre de l'engrais total.	
				Azote.	77 44
Poudrette.	1300	104		Acide phosph. .	31 12
Sulfate d'ammoniaque.	200	100		Potasse. . . .	28

1500 kil. à 13 fr. 70 les 100 kil. ou 205 fr. 50.

N° 13. Engrais pour maïs.

Poudrette.	1000	80			
Sels bruts.	200	20		Azote.	48 80
Sulfate d'ammoniaque.	100	50		Acide phosph.	25 40
Chaux.	200	5		Potasse. . . .	43

1500 kil. à 10 fr. les 100 kil. ou 150 fr.

N° 14. Engrais pour tabac. — Production de 1200 kil. de feuilles.

Sels bruts.	500	50			
Sulfate d'ammoniaque.	100	50		Azote.	68 65
Nitrate de potasse.	100	75		Acide phosph. .	58 13
Os en poudre.	100	20		Potasse. . . .	134
Poudrette.	1200	95			

2000 kil. à 14 fr. 50 les 100 kil. ou 290 fr.

Nota. Ces formules ne sont pas absolues; elles peuvent être modifiées au gré de l'agriculteur.

EMPLOI DES ENGRAIS.

Les poudrettes 1, 2, 4, 8, 9, conviennent d'une manière toute particulière aux terrains riches en chaux, craie et marne.

Les autres trouvent leur utilité dans les terrains non calcaires.

On conçoit aisément qu'il est inutile d'apporter un principe de chaux dans un sol qui en est suffisamment pourvu. Il resterait improductif tout en nécessitant une dépense. Ce serait une superfétation.

Par contre, un terrain froid, léger, manquant de principes calcaires, se trouve toujours bien d'un engrais qui, tout en lui apportant une quantité d'azote, lui procure un fond de chaleur dont il est dépourvu.

Dans la fumure des vignes, plantes, arbres et arbustes, on doit suivre la même règle.

Tout engrais ou poudrette destiné aux céréales peut être jeté avec la semence et recouvert avec elle, ou employé en couverture dans les mois de janvier, février et mars, sur les terres semées, en choisissant de préférence un temps humide. Cette méthode est, du reste, acceptée par tous les agronomes distingués qui l'ont préconisée. C'est aussi dans la période de janvier, février et mars que l'on doit fumer les prairies, en se servant, pour cet usage et selon ce qui a été dit ci-dessus pour le sol, des poudrettes désignées sous les Nos 4 et 5.

Pour les plantes sarclées, les vignes, arbres, etc., etc., on dépose au pied de chaque plante l'engrais qu'on lui destine, en ayant soin de le recouvrir immédiatement de terre.

Les quantités à employer sont laissées à l'appréciation des agriculteurs; mais on emploie généralement par hectare :

Nos 1 à 7......	15 hect. ou	1000 kil.	minimum à l'hectare.
Nos 8 et 9.....	12 —	850	—
Nos 10 à 12.....	10 —	700	—
No 13.......	8 —	600	—
Nos 14 et 15....	7 —	350	—

PRAIRIES. — Un quart en sus des quantités indiquées pour les céréales.
LÉGUMINEUSES ET PLANTES SARCLÉES. — Comme pour les céréales.

VIGNES, ARBRES ET ARBUSTES.	Pour ne pas multiplier la main-d'œuvre, la durée de l'engrais employé doit être au moins de trois ans. Il faut par conséquent fumer de manière à atteindre cette période. Nous laissons au viticulteur le soin de fixer lui-même la quantité qui lui conviendra; en recommandant de ne pas mettre moins de 500 gr. du no 1, 400 gr. du no 2, 300 gr. des nos 3 et 4, et enfin 200 gr. du no 5.

L'engrais et la poudrette doivent être légèrement mouillés avant l'épandage, afin d'éviter toute perte par le vent.

TOULOUSE, IMPRIMERIE A. CHAUVIN ET FILS, RUE MIREPOIX, 3

ENGRAIS DIVERS

DE LA

FONCIÈRE TOULOUSAINE

M. E. RAUZY

8, rue du Lycée, à Toulouse.

Engrais pour céréales et prairies.

DÉSIGNATION.	Matières organiques.	Azote.	Acide phosphorique.	Potasse.	PRIX des 100 k.	PRIX de l'hectol.
1° Poudrette sans mélanges.. . .	48	4 12	3 62	2 01	12 fr.	7 fr.
2° — ordinaire, avec 20 ou 30 p. °/₀ de mélanges..	62	2 88	2 54	1 50	8	5
3° Poudrette ordinaire, avec 20 p. °/₀ de chaux.	51	2 30	2 04	1 20	8	5
4° Poudrette ordinaire, avec 10 p. °/₀ de sels alcalins.	55	2 08	2 29	2 90	9	6
5° Poudrette ordinaire, avec chaux et sels alcalins..	44	2 0[illegible]	1 78	2 34	8	5
6° Poudrette ordinaire, avec 20 p. °/₀ de phosphates fossiles. . . .	45	2 30	6 12	1 20	9	6
7° Poudrette ordinaire, avec 10 p. °/₀ de phosphates des os. . . .	50	2 12	6 12	1 20	9	6
8° Poudrette ordin., avec potasse.	58	3 40	2 36	3 72	12	8
9° Poudrette ordin., avec potasse et sels..	58	2 68	2 36	5 52	12	8
10° Poudrette ordin., avec phosphates et potasse..	49	2 25	5 38	5 06	15	10
11° Poudrette ordin., avec phosphates, potasse et sels.	46	2 10	4 85	6 55	15	10
12° Poudrette ordin., avec phosphates, potasse, sels et chaux..	39	1 81	4 60	6 55	15	10
13° Guano, 1er type.	31	4	7	4	18	12
14° Guano, 2e type..	31	7 50	5	6	25	»
15° Phospho-Guano.	22	4	17 50	5	25	»
Engrais pour vignes, arbres et arbustes.						
1° Poudrette pure en grumeaux..	48	4 12	3 62	2 01	12	7
2° Engrais mixte, matières fécales et chiffons, bourres..	74	8 06	1 86	1	10	»
3° Engrais mixte, matières fécales, chiffons et phosphates.	63	6 84	5 96	1	12	»
4° Engrais mixte, matières fécales, chiffons et potasse.	68	7 49	1 18	5 06	12	»
5° Engrais mixte complet.. . . .	57	6 28	5 05	4 85	15	»

Voici les prix courants des engrais minéraux et alcalins qui entrent dans nos préparations :

Article	Prix
Phosphate d'os fossile (42 de phosphate), les 100 kil.	10 fr.
Phosphate fossile acide.	15
— des os (53 de phosphate).	15
— des os acide.	20
Sels alcalins bruts.	10
— sulfatisés.	20
Nitrate de soude.	50
— de potasse.	75
Carbonate de soude.	45
— de potasse.	75
Sulfate d'ammoniaque.	50
— de potasse.	35

Ces prix sont ceux du jour ; ils sont sujets à la hausse ou à la baisse. L'emballage en sacs se paie en sus, 60 c. par 100 kilos.

Voir, pour plus amples renseignements, le prospectus.

CONDITIONS

Tous les engrais sont rendus *franco* en gare ou à quai de Toulouse, ou livrés au magasin d'entrepôt, situé port Saint-Sauveur (angle de l'allée des Zéphirs).

Les emballages non rendus dans le mois qui suit l'expédition seront facturés à raison de 60 c. par hectolitre ou 100 kilos.

Toutes les livraisons sont faites en sacs, scellés par un cachet à la cire portant la griffe de la *Foncière*.

PAIEMENT.

Quatre-vingt-dix jours de crédit ou 2 p. 100 d'escompte au comptant.

Pour renseignements et demandes, s'adresser à M. E. RAUZY, directeur, rue du Lycée, 8, à Toulouse.

www.ingramcontent.com/pod-product-compliance
Ingram Content Group UK Ltd.
Pitfield, Milton Keynes, MK11 3LW, UK
UKHW021040180726
13838UKWH00004B/1916

9 782329 43098